BEI GRIN MACHT SICH IHR WISSEN BEZAHLT

Bibliografische Information der Deutschen Nationalbibliothek:

Die Deutsche Bibliothek verzeichnet diese Publikation in der Deutschen National-
bibliografie; detaillierte bibliografische Daten sind im Internet über http://dnb.d-
nb.de/ abrufbar.

Impressum:

Copyright © 2007 GRIN Verlag, Open Publishing GmbH
Druck und Bindung: Books on Demand GmbH, Norderstedt Germany
ISBN: 9783640476626

Dieses Buch bei GRIN:

http://www.grin.com/de/e-book/138051/rationalisierung-des-lebensalltags-nach-
catherine-beecher

Katharina Buck

Rationalisierung des Lebensalltags nach Catherine Beecher

GRIN Verlag

GRIN - Your knowledge has value

Der GRIN Verlag publiziert seit 1998 wissenschaftliche Arbeiten von Studenten, Hochschullehrern und anderen Akademikern als eBook und gedrucktes Buch. Die Verlagswebsite www.grin.com ist die ideale Plattform zur Veröffentlichung von Hausarbeiten, Abschlussarbeiten, wissenschaftlichen Aufsätzen, Dissertationen und Fachbüchern.

Besuchen Sie uns im Internet:

http://www.grin.com/

http://www.facebook.com/grincom

http://www.twitter.com/grin_com

JUSTUS-LIEBIG-UNIVERSITÄT GIESSEN

Fachbereich 09 Agrarwissenschaften, Ökotrophologie, Umweltmanagement

Institut für Wirtschaftslehre des Haushalts und Verbrauchsforschung
Wohnökologie

Rationalisierung des Lebensalltags nach Catherine Beecher

Referats-Ausarbeitung

BP 23: Determinanten der Wohnversorgung

Katharina Buck

Gießen, 14.11.2007

Inhalt

Abbildungsverzeichnis

1. Einleitung

Was wir heutzutage unter Hausarbeit verstehen, hat wenig zu tun mit dem, was die Menschen in den letzten Jahrhunderten vollbringen mussten. Sämtliche Arbeitsvorgänge mussten von Hand vollzogen werden: Waschen, Bügeln, Geschirr-, Teppich- und Möbelreinigung (Giedion 1987: 557); auch die Beleuchtung und das Heizen der Räume war eine zeitaufwändige Aufgabe. Diese Tätigkeiten blieben traditionell den Frauen und Dienstboten vorbehalten. Während die Männer mit „wichtigeren" Erfindungen beschäftigt waren, waren die Frauen meist so ausgelastet, dass sie keine Energie für eine organisierte rationale Verbesserung ihrer Arbeitsvorgänge übrig hatten. Dass dies letztendlich doch geschah, hat unter anderem seinen Ausgangspunkt in den Werken Catherine Beechers. Die folgende Arbeit wird sich mit der Frage beschäftigen, welche Umstände Beecher dazu bewegten, die Organisation des Haushalts verbessern zu wollen und welche Vorschläge zur Rationalisierung des Lebensalltags sie machte.

Als erstes werden sowohl die gesellschaftliche Situation im Amerika des 19. Jahrhunderts als auch die persönlichen Hintergründe Beechers erläutert, um ihre weitere Arbeit verständlich zu machen. Dann werden die Hauswirtschaftsschulen vorgestellt, die von Beecher mit dem Ziel gegründet wurden, die Arbeit der Frauen zu einem in der Gesellschaft anerkannten Beruf aufzuwerten und Hauswirtschaft zu einer Wissenschaft zu machen. Dieses Ziel verfolgte sie auch mit ihren Büchern, so dass relevante Aspekte daraus, nämlich die neuartige Herangehensweise an die Architektur eines Hauses für die Bedürfnisse der Hausfrau, sowohl in größeren Land- als auch in kleineren Stadthäusern, im nächsten Kapitel vorgestellt werden. Außerdem ist die rationalisierte Planung besonders gut im Aufbau der von Beecher entworfenen Küche zu beobachten, so dass hierfür ein extra Unterkapitel vorgesehen ist.

2. Gesellschaftliche und biografische Hintergründe und Motive

Catherine Esther Beecher wurde am 6.9.1800 in East Hampton, New York als ältestes von 13 Kindern des puritanischen Predigers Lyman Beecher geboren. In den ersten zehn Jahren ihres Lebens wurde sie zu Hause unterrichtet. Nach dem Umzug der Familie nach Litchfield, Connecticut besuchte sie *Sarah Pierce's Acadamy for Young Women*, eine fortschrittliche Schule, die von einer Pionierin der Schulbildung für Mädchen geleitet wurde. Sarah Pierce war überzeugt, dass Frauen und Männer intellektuell gleichwertig seien und erzog ihre Schülerinnen in dieser

Haltung. In Beechers späteren Werken findet man diese Haltung ebenfalls wieder; auch wenn für Beecher intellektuell gleichwertig nie bedeutete, dass Männer und Frauen die gleichen Arbeiten erledigen sollten. Sie beharrte stets auf einer klaren Trennung der weiblich dominierten privaten Sphäre, die das vorstädtische, häusliche Leben umfasste, von der männlich dominierten öffentlichen Sphäre, die sich in der Stadt abspielte und von Arbeitsleben und Wettbewerb geprägt war (Hayden 1981: 55f.).

1816 starb Beechers Mutter und die 16-jährige übernahm, auch nach der erneuten Heirat des Vaters, eine wichtige erzieherische Rolle in der Familie. Es ist zu vermuten, dass die Erfahrungen, die sie hierbei sammelte, sie für ihr weiteres Leben prägten. Sie trug in dieser Zeit große Verantwortung und war mit allen Herausforderungen der Alltagsbewältigung konfrontiert. Hier erlebte sie praktisch, was es bedeutet, einen Familienhaushalt zu führen, und sah, wo die größten Schwierigkeiten lagen und somit Verbesserungsbedarf bestand, so dass sie später aus diesem Erfahrungsschatz schöpfen konnte, obwohl sie nie eine eigene Familie gründete.

Ab 1821 arbeitete sie als Lehrerin und nach dem Tod ihres Verlobten 1823 widmete sie ihr Leben der Bildung anderer Frauen. Im selben Jahr eröffnete sie mit ihrer Schwester Mary das *Hartford Female Seminary*, welches für über 60 Jahre eine bedeutende Rolle in der Erziehung junger Frauen spielte. Sie begann, Essays und Bücher zu Fragen der Frauenbewegung, -befreiung und -bildung zu schreiben, was sie bis zu ihrem Tod im Jahr 1878 fortführte. 1831 begleitete sie ihren Vater in den Mittleren Westen. Es war die Zeit der Siedlerbewegung, und während im Osten Amerikas zumindest teilweise für die Töchter der höheren Gesellschaftsschichten die Möglichkeit der Schulbildung bestand, herrschte im weitgehend infrastrukturlosen Westen großer Mangel an Schulen für die Kinder der Siedler und an gut ausgebildeten Lehrkräften. So gründete Beecher im Lauf ihres Lebens diverse Gesellschaften, Institute und Ausbildungsstätten in den verschiedensten Staaten Amerikas, um Lehrerinnen auszubilden, die dann oft in den Westen gesandt wurden.

Catherine Beecher blieb ihr Leben lang den Vorstellungen und Idealen ihres Vaters nahe. Familie Beecher gehörte im späten 19. Jahrhundert zu den einflussreichsten Familien Amerikas. (N.N. 2007) Viele ihrer Geschwister wurden bekannte Kämpfer für Sklavenbefreiung, Frauenwahlrecht und Alkoholabstinenz, während Catherine die puritanische Meinung vertrat, dass Frauen sich in erster Linie um den Haushalt und die Erziehung der Kinder kümmern sollten (Giedion 1987: 558). Obwohl sie durchaus dafür kämpfte, dass Frauen mehr Macht und Anerkennung erhielten, blieb sie ihr Leben lang eine erbitterte Gegnerin des Frauenwahlrechts. Das unterschied sie von anderen einflussreichen Personen der Frauenbewegung wie Elizabeth Cady Stanton oder Susan B. Anthony (Schmitter 1981: 18f.). Während Melusina Fay Peirce beispielsweise auch

Formen des Gemeinschaftswohnens oder Gemeinschaftsküchen als Lösung für die isolierte und wenig geschätzte Arbeit der Frauen ansah (Hayden 1981: 60ff.), blieb Beecher dem separaten Wohnen in Kleinfamilien viel stärker verhaftet, auch wenn sie beispielsweise für allein wohnende Frauen Mietwohnungen entwarf oder „neighborhood laundries" ausdrücklich als legitime Erleichterung beschrieb (Beecher 1869).

Ein weiteres Problem der Zeit war die Dienstbotenfrage. Mit der zunehmenden Industrialisierung wurde es für die bürgerliche Schicht schwieriger, Dienstboten zu finden: Viele der Frauen und Männer aus der „Klasse" der Dienstboten konnten einen Beruf in der Industrie oder Verwaltung annehmen, in dem sie sich unabhängiger fühlen konnten. Beecher sieht in der häuslichen Dienstbarkeit sogar ein soziales Problem, das dem Grundgedanken der amerikanischen Demokratie widerspricht. 1869 erklärt sie, dass durch Dienstboten in einem Haushalt einerseits die Fürsorgepflichten der Hausfrau stiegen und ihr zusätzliche Verantwortung aufbürdeten, andererseits aber die Gleichheit aller Bürger, die mit der Unabhängigkeitserklärung beschlossen wurde, durch ein derartiges feudales System unterminiert werde (Giedion 1987: 560ff.). Von diesen ethischen Aspekten abgesehen erwächst allein aus dem Anspruch, einen dienstbotenlosen Haushalt zu führen, die Notwendigkeit, die Arbeitsvorgänge bei den Haushaltstätigkeiten zu rationalisieren. Denn Arbeit, die davor von mehreren Personen erledigt wurde, kann nur durch eine sehr effiziente Herangehensweise von einer einzelnen Person, die zugleich meist auch noch weitere Pflichten als Mutter und Ehefrau hatte, geleistet werden. Obwohl Beecher darauf hinweist, dass die Hausarbeit unter den Familienmitgliedern neu verteilt werden müsse, bleibt ein Großteil der Arbeit dennoch – durchaus auch von Beecher gewollt, die ja die häusliche Sphäre gänzlich der Macht der Frauen übergeben will – in Frauenhand (Giedion 1987: 562).

3. Rationalisierung der Arbeitsvorgänge

Der Versuch, den Alltag der amerikanischen Frauen zu erleichtern, zieht sich wie ein roter Faden durch Catherine Beechers Werk. Der durchschnittliche Arbeitstag einer Frau im 19. Jahrhundert war geprägt von schwerer Arbeit in einem großen Haushalt. Bis dahin hatte sich niemand Gedanken gemacht, wie man diese Arbeit effizienter gestalten und die nötigen verwalterischen Fähigkeiten verbessern könne. Beecher versuchte es auf verschiedene Weise: Sie gründete Schulen, in denen junge Frauen unterrichtet wurden, und sie schrieb Bücher, die jede Hausfrau mit dem nötigen Wissen versorgen sollten.

3.1. Hauswirtschaft als Wissenschaft – die Hauswirtschaftsschulen

Weiterführende Schulen für Mädchen waren im 19. Jahrhundert äußerst selten, da gesellschaftlich keine Notwendigkeit dafür gesehen wurde. Beecher war jedoch der Meinung, dass erst eine gute Ausbildung es Frauen ermögliche, Verantwortung für eine Familie zu übernehmen. Sie sah die Tätigkeit der Mütter, die Erziehung ihrer Kinder zu guten Staatsbürgern, als wichtige Voraussetzung für das Gelingen der Demokratie an (Beecher 1845: 25ff.). Deshalb wollte sie jungen Frauen alle Fähigkeiten beibringen, die sie benötigten, um eine gute Hausfrau, Ehefrau und Mutter zu werden. Dazu zählten für sie jedoch nicht nur klassische Frauentätigkeiten wie Kochen und Putzen und das Bildungsangebot, das zu jener Zeit auf Kunst und Sprachen beschränkt war. Sie ermöglichte den Frauen eine den Männern gleichwertige Ausbildung, die auch Naturwissenschaften umfasste.

Beecher sah Haushaltsführung nie als Selbstzweck, sondern integrierte immer auch politische und ökonomische Aspekte in ihre Anleitungen und Überlegungen. Sie wollte den Frauen durch eine rationalisierte Herangehensweise ein Mittel an die Hand geben, ihren „Beruf" ordentlich zu erfüllen und sich somit den Männern gleichwertig zu fühlen (Giedion 1987: 559).

Zusätzlich war Beecher überzeugt, dass Frauen durch ihr Geschlecht besonders befähigt seien, als Lehrerin tätig zu sein, und dass sie ihre (neu erlernten) Fähigkeiten deshalb gleichermaßen in ihren Familien als auch in den Schulen anwenden sollten – je nach persönlicher Situation: Beecher sah die Tätigkeit als Lehrerin gerade für junge und unverheiratete Frauen auch als vorübergehende Beschäftigung an (N.N. o.J.).

„If all females were not only well educated themselves but were prepared to communicate in an easy manner their stores of knowledge to others; if they not only knew how to regulate their own minds, tempers, and habits but how to effect improvements in those around them, the face of society would be speedily changed" (N.N. o.J.).

Beecher kritisierte auch, dass die damalige Lehrerausbildung nicht sehr umfangreich war: „That there is a best way of teaching as well as of doing everything else cannot be disputed, and this can be no more learned by intuition than can any of the mechanical arts" (N.N. o.J.).

Was Beecher von den bis dahin vorherrschenden Meinungen unterschied, war die Tatsache, dass sie erkannte, dass Haushalten keine Tätigkeit ist, die Frauen naturgegeben perfekt beherrschen, sondern dass es eine anspruchsvolle Aufgabe ist, die man erlernen und dadurch verbessern kann. Indem sie dafür kämpfte, dass Frauen ihre Tätigkeit als Beruf ansahen, versuchte sie auch, ihre gesellschaftliche Stellung zu verbessern und ihnen die Macht über häusliche Entscheidungen zu geben (Hayden 1981: 55f.). In ihren Büchern, die sie als Lehrbücher zum Gebrauch an den Schulen, aber auch für die private Weiterbildung schrieb, entwarf sie als Erste eine moderne, systematische Alltagsversorgung. Sie kämpfte ihr Leben lang dafür, dass Hauswirtschaft als Wissenschaft betrachtet und ernst genommen wird (Giedion 1987: 560).

Paradoxerweise wurde trotz der guten Absichten der „domestic feminists", zu denen Catherine Beecher gehörte, die Gleichberechtigung der Frauen eher behindert. Den Frauen wurde zwar Macht und Kontrolle zugesprochen, diese blieb jedoch auf den häuslichen Bereich beschränkt, so dass Frauen letztendlich noch stärker ans Haus gebunden wurden (Hayden 1981: 316; Riedy 1997). Auch der Beruf der Lehrerin wurde, wie viele andere hauptsächlich von Frauen ausgeübte Berufe, bald weniger wertgeschätzt.

3.2.   Rationalisierung durch Architektur

Catherine Beecher stellte sowohl in ihrem Buch „*A Treatise on Domestic Economy for the Use of Young Ladies at Home and at School*" von 1841 als auch 1865 in „*How to Redeem Woman's Profession from Dishonor*" und dem gemeinsam mit ihrer Schwester Harriet Beecher Stowe 1869 verfassten, sehr erfolgreichen „*The American Woman's Home*" architektonische Grundrisse für ein rationalisiertes Wohnen vor.

Sie beschreibt in den Büchern auch ausführlich die Einrichtung und deren Pflege sowie alle anfallenden häuslichen Tätigkeiten; darauf kann im Rahmen dieser Arbeit jedoch nicht näher eingegangen werden.

3.2.1. Das Landhaus

Bereits in „*A Treatise on Domestic Economy*" stellt Catherine Beecher verschiedene Möglichkeiten vor, wie man ein an die persönlichen Möglichkeiten angepasstes Haus bauen kann. Sie betont die Rolle der Frau bei der Planung des Hauses und möchte ihr mit ihren Entwürfen Vorschläge an die Hand geben, möglichst effiziente und dennoch wohnliche Häuser zu verwirklichen (Beecher 1845: 261). Da sie das Wohnen auf dem Land in jeder Hinsicht bevorzugt, beziehen sich ihre Entwürfe auch meist auf Landhäuser. Bei all ihren Überlegungen bezieht sie fünf Punkte mit ein: „Economy of labor, economy of money, economy of health, economy of comfort, and good taste" (Beecher 1845: 258).

Abb. 1 Grundriss Landhaus 1841

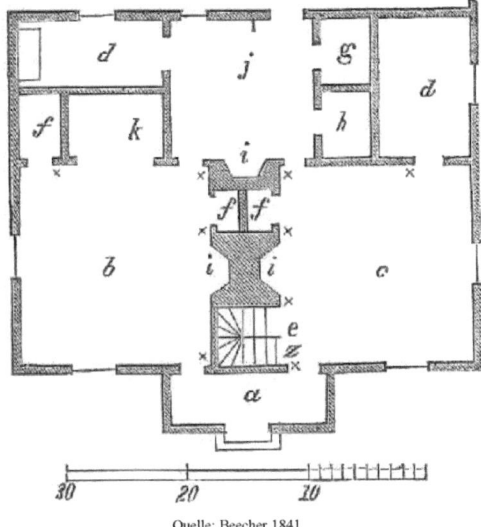

Quelle: Beecher 1841

Abb. 1 zeigt ein einfaches Design, welches vor allem „domestic economy" und weniger stilistische Fragen berücksichtigt. „The arrangement of rooms, and the proper supply of conveniences, are other points, in which, economy of labor and comfort is often disregarded" (Beecher 1845: 259). Sie kritisiert die ungesunde Verteilung von Arbeitsräumen auf verschiedene Stockwerke, nur um im Erdgeschoss repräsentative Räume vorhalten zu können. Dennoch ist ihr Vorschlag recht konventionell: In der Mitte des fast quadratischen Hauses finden sich drei Feuerstellen; der vordere Teil ist mit einem Ess- und einem Wohnzimmer belegt. Daran schließen einige kleine Räume und Wandschränke und die Küche an.

Bei allen architektonischen Entwürfen Beechers bemerkt man die häufige Verwendung von Wandschränken; so auch hier. Das Wohnzimmer kann durch zwei Wandschränke und die „bed-press", die abends geöffnet werden kann, in ein Schlafzimmer verwandelt werden, in der damaligen Zeit eine beliebte Möglichkeit zum Platzsparen, die teilweise noch viel extremere Formen fand (Giedion 1987: 476ff.). Im Entwurf von 1841 ist die Küche räumlich noch stark vom Esszimmer getrennt. Auch geht Beecher nicht weiter auf die Anordnung der Kücheneinrichtung ein, sondern betont nur kurz die Vorteile einer Spüle mit Abfluss und erläutert dann das nötige Kochgeschirr (Beecher 1845: 317ff.). Außerdem schlägt sie vor, auch im Esszimmer eine Spüle zu installieren, um dort kleinere Gegenstände zu waschen. Sie erwähnt ebenfalls den „dumb-waiter", einen Aufzug, der vom Keller nach oben führt.

24 Jahre später, in „*How to Redeem Woman's Profession from Dishonor*" von 1865, lässt sich eine deutliche Weiterentwicklung feststellen. Die Küche öffnet sich zum Esszimmer hin und ist komfortabler geworden: sie ist heller und besser belüftbar geworden und erlaubt durch ihre Anordnung bessere Möglichkeiten der Aufbewahrung und Zubereitung. Hier ist auch das erste Mal der Herd in einen eigenen kleinen Raum gebaut (Hayden 1981: 57).

Beecher machte sich in dieser Veröffentlichung ganz klar Gedanken darüber, wie die täglichen Handgriffe am effektivsten erledigt werden könnten. Sie beschreibt Schritt für Schritt, wie alle Haushaltstätigkeiten am besten in und mit den architektonischen Gegebenheiten ausgeführt werden können. Dienstboten wurden bei diesem Hausentwurf nun endgültig überflüssig (Hayden 1981: 57).

Der Zusammenhang zwischen den Aufgaben der Frau, die laut Beecher Fürsorge für die Familie und Pflege des Haushaltes umfassten, rückt in den Vordergrund. Beecher sah schon hier, dass die Arbeit einer Frau nicht in Isolation von der Familie geschehen muss, eine Tatsache, die bis heute bei der Haus- und Raumplanung oft nicht ausreichend beachtet wird.

Abb. 2 Grundriss Erdgeschoss 1869

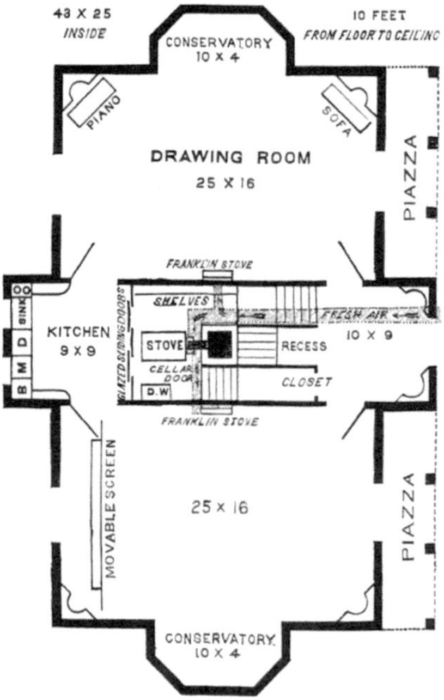

Quelle: Hayden 1981: 59

Der Höhepunkt von Beechers architektonischen Fähigkeiten wurde 1869 in „*The American Woman's Home*" erreicht. Hier vereinigten sich ihre gereiften gestalterischen Fähigkeiten mit dem durchdachten Einsatz mechanischer Hilfsmittel. Die Einrichtung ist vereinfacht und dennoch ansprechend. Beecher legt nach wie vor großen Wert auf „economizing time, labor, and expense by the close packing of conveniences" (Beecher 1869). Die Küche erhält eine einheitliche Arbeitsfläche, der Herd ist in einem extra Raum abgeschirmt. Der Küchenherd und zwei Heizöfen in den angrenzenden Räumen sorgen gleichzeitig für die Belüftung und Erwärmung des Erdgeschosses. Auffällig ist besonders der großzügige Einsatz von flächigen Wandschirmen, der die flexible Nutzung von Räumen erlaubt. Beecher berücksichtigt medizinische Erkenntnisse und schlägt an vielen Stellen den Einsatz moderner Technologie vor (beispielsweise zur Belüftung, Wasserversorgung, Beleuchtung, Heizung und beim Kochen) (Hayden 1981: 58).

Abb. 3 Grundriss Keller 1869

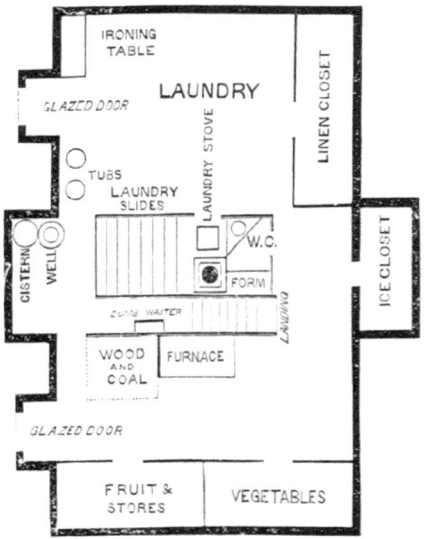

Quelle: Hayden 1981: 59

Auch im Keller ist eine durchdachte Ordnung zu erkennen. Allein die Tatsache, hier eine systematische Organisation vorzunehmen, war neu. Eine Hälfte des Kellers in Beechers Entwurf ist als Waschraum gedacht und bietet alle Möglichkeiten, die Wäsche einzuweichen, in warmem Wasser zu waschen, zu trocknen, zu bügeln und teilweise aufzubewahren. 1869 gab es noch keine Wasserinstallation. Deshalb baute Beecher einen Ziehbrunnen und einen Regenwasserbehälter in den Keller, so dass man sowohl vom Keller aus direkten Zugriff auf frisches Wasser hat, als auch es mit einer Handpumpe in die Küche transportieren kann. Es gibt einen Aufbewahrungsbereich für Holz und Kohle. Außerdem sind im Keller große Vorratsschränke für Obst und Gemüse und sogar ein Eisschrank vorgesehen. Durch einen Aufzug lassen sich Gegenstände aus dem Keller nach oben transportieren, so dass die Frau nicht alle schweren Gegenstände die Treppe herauf- oder heruntertragen muss (Beecher 1869).

Die Anordnung der Küche wird in einem speziellen Kapitel noch ausführlicher behandelt werden.

3.2.2. Die Stadtwohnung

Beecher empfiehlt allen Familien, aufs Land zu ziehen, verschließt sich jedoch nicht der Realität und versucht, auch den in der Stadt lebenden Menschen, auch alleine lebenden Frauen, eine möglichst sinnvoll angeordnete Wohnung zur Verfügung zu stellen. Deshalb entwirft sie in *„The American Woman's Home"* den Grundriss eines Stadthauses, in welchem vier Einzelwohnungen Platz finden.

Abb. 4 Grundriss Stadtwohnung 1869

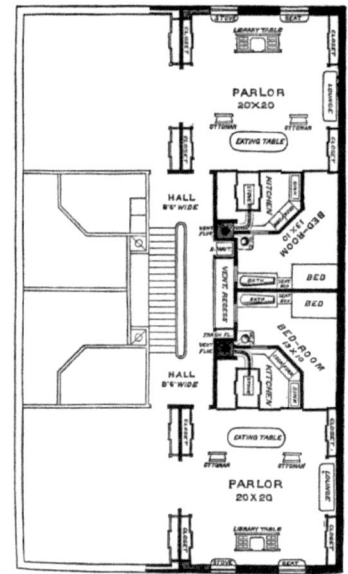

Quelle: Giedion 1987: 748

In der Mitte des Gebäudes befindet sich das Treppenhaus, das mit Tageslicht erhellt wird. Jede Wohnung wird von einem Belüftungsschacht durchzogen, welcher vom Keller bis zum Dach führt und die fensterlosen Schlafzimmer mit Licht und Luft versorgt. „[...] Ihr Grundriß einer

Stadtwohnung [verwirklicht] in einfacher Form die Einheit von Badezimmer, Schlafzimmer und abgeteilter Kleinküche" (Giedion 1987: 748), womit sie die Grundform der heutigen Kleinwohnung vorwegnimmt. In der Küche, die alle nötigen Funktionen auf minimalem Raum anbietet, wird die Existenz von Dienstboten überflüssig, ja sogar fast unmöglich.

3.3.   Organisation des Arbeitsvorgangs am Beispiel der Küche

Catherine Beecher war eine Vordenkerin, deren Pläne zum Teil erst Jahrzehnte später umgesetzt wurden. Ihre Vorschläge zur Organisierung und damit Rationalisierung der Arbeitsvorgänge lassen sich am Beispiel der Küche besonders gut betrachten.

Abb. 5 Grundriss Küche 1869

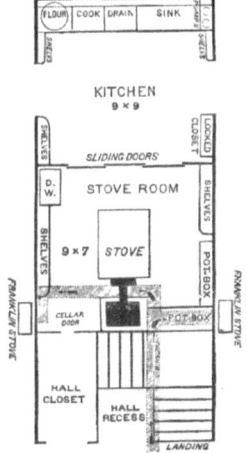

Quelle: Giedion 1987: 561

1869 beschreibt sie die Ausstattung einer Schiffsküche als Vorbild für den normalen Haushalt. Schiffsküchen enthielten auch schon in der damaligen Zeit alle Hilfsmittel und Einrichtungen konzentriert auf engstem Raum angeordnet. Dem gegenüber waren in den Haushalten die benötigten Dinge weit voneinander entfernt. Die Hausfrau musste durch das ganze Haus laufen, um benötigte Rohstoffe und Geräte zu holen, das Geschirr und die Speisen ins Esszimmer zu tragen oder um etwas wegzuschütten. Um Zeit zu sparen, aber auch um die Gesundheit der täglich schwer arbeitenden Frauen zu schonen, entwirft Beecher ein neues, arbeitsökonomisches Konzept, das auch erste Ansätze einer ergonomischen Betrachtungsweise zeigt. Statt einem großen, zentralen Küchentisch werden unter den Fenstern die nötigen Arbeitsflächen auf Hüfthöhe angeordnet. Das bis dahin als einzelnes Möbelstück isoliert im Raum stehende Küchenbuffet wird aufgeteilt in Wandregale und Schubladen und andere Behälter unter den Arbeitsflächen. Die Arbeitsflächen selbst sind gut beleuchtet und nur so groß wie nötig.

Abb. 6 Schemazeichnung Küche 1869

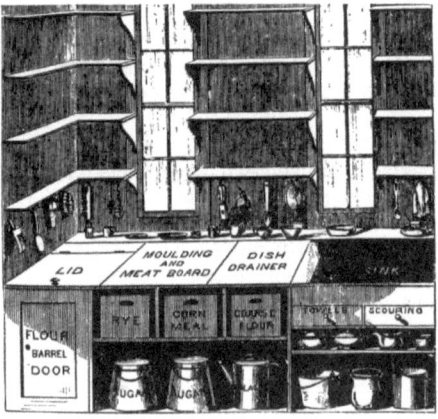

Quelle: Giedion 1987: 561

Im Detail schlägt sie folgende Anordnung vor: Von links nach rechts betrachtet kommt als erstes ein großer Aufbewahrungsbehälter für Mehl, dessen Deckel eben mit der Arbeitsfläche abschließt. Amerikanische Hausfrauen buken zu dieser Zeit ihr Brot noch zu Hause, so dass sie hier einen griffbereiten Vorrat hatten und das Mehl, ohne es zu verstreuen, direkt weiterverarbeiten konnten. Deshalb liegt direkt daneben der angrenzenden Arbeitsfläche auch ein Brett auf, das zum Brotteigkneten gedacht ist. Es kann gewendet und zum Vorbereiten von Fleisch und Gemüse genutzt werden. Daran schließt ein weiteres Brett an, das als Abtropfbrett für Geschirr gedacht ist; daneben befindet sich die Spüle. Das Tropfbrett kann durch Scharniere bewegt und über den Ausguss geklappt werden, um eine zusätzliche Vorbereitungsfläche zu schaffen. Unter der Arbeitsfläche befinden sich drei große Schubladen für weitere Mehlsorten, und Regale und Abstellflächen für andere Kochzutaten und Gegenstände wie Handtücher oder Seife. Neben dem Ausguss befinden sich zwei Pumpen für Regen- und Brunnenwasser, die aus den Behältern im Keller gespeist werden (Giedion 1987: 561ff.).

Der damals übliche gusseiserne Herd neigte zu starker Hitzeentwicklung. Um die Frauen gerade an heißen Sommertagen vor diesen extremen Temperaturen zu schützen, aber auch um die restliche Wohnung vor Küchengerüchen zu bewahren, wird der Herd mit Schiebetüren von der restlichen Küche abgetrennt (Giedion 1987: 565). Im Herdraum gibt es außerdem Aufbewahrungsmöglichkeiten für alle Utensilien, die benötigt werden, um das Feuer zu entfachen und die Gerichte zu kochen. Der Herd ist genau wie die beiden kleineren Öfen in den angrenzenden Zimmern mit einem Belüftungssystem verbunden, welches den Rauch abführt und Frischluft zuführt. Dies sorgt für eine Belüftung des gesamten Geschosses.

Heute werden in der mechanisierten Küche drei Arbeitszentren unterschieden: Aufbewahrung; Zubereitung und Reinigung; und Kochen. Die ersten beiden sind bereits in Beechers Küche klar definiert und einheitlich zusammengefasst. Der Herd, also der Kochbereich, steht aus oben genannten Gründen noch getrennt davon in einem separaten Raum (Giedion 1987: 563). Dennoch bietet diese Küche mit ihrer durchdachten Anordnung von Raum und Hilfsmitteln starke Zeitersparnis.

4. Fazit

Catherine Beecher kommt eine herausragende Rolle zu, die Probleme ihrer Zeit bezüglich Fragen der Haushaltsorganisation erkannt und herausgearbeitet zu haben. Sowohl bei der Organisation des Arbeitsplatzes als auch der Rationalisierung der Arbeitsabläufe blieben ihre Vorschläge auch in späteren Jahren wegweisend. Beechers Ideen selbst sind nicht mit einer Mechanisierung des Alltags, welche erst später einsetzte, gleichzusetzen, auch wenn sie durchaus gegebene mechanische Hilfsmittel nutzt. Stattdessen ordnet sie die vorhandenen Mittel in einer wohlorganisierten, neuartigen Struktur an, die den Alltag erleichtert und alte Abläufe in Frage stellt. Ihr Einfluss wird im Zeitverlauf noch deutlicher – Aspekte ihrer Entwürfe tauchen immer wieder auf (Hayden 1981: 58) und nehmen spätere Entwicklungen vorweg. Durch Beechers Ideen wurde die weitere Entwicklung im Haushalts-, gerade im Küchenbereich, die sich fast als hochtechnisierte Industrialisierung beschreiben lässt, erst möglich.

Der von Beecher vertretene häusliche Feminismus, der Frauen ermutigte, die Kontrolle über den Haushalt nicht mehr den Männern zu überlassen, war ein wichtiger Vorläufer für den materiellen Feminismus, welcher die wirtschaftliche Macht der Frauen in den Vordergrund stellte. Trotz berechtigter Kritik an der Einseitigkeit der Geschlechterwahrnehmung Beechers und ihrer heute befremdlich wirkenden pathetisch-religiösen Sprache und moralisierenden Haltung, war ihr Einsatz für die Erhöhung des Selbstbewusstseins und der Reputation der Frauen ein wichtiger Schritt auf dem Weg zu unserer heutigen – theoretischen – Gleichberechtigung.

Literatur

Beecher, C. (1845): A Treatise on Domestic Economy For the Use of Young Ladies at Home and at School. New York. In: http://www.gutenberg.org/files/21829/21829-h/21829-h.htm 27.10.2007

Beecher, C. (1869): The American Woman's Home. O.O. In: http://www.gutenberg.org/dirs/etext04/mrwmh10.txt 27.10.2007

Giedion, S. (1987): Die Herrschaft der Mechanisierung. Ein Beitrag zur anonymen Geschichte. Frankfurt am Main

Hayden, D. (1981): The Grand Domestic Revolution: A History of Feminist Designs for American Homes, Neighborhoods, and Cities. Cambridge, London

N.N. (2007): National Women's History Museum. Catharine Esther Beecher. Alexandria. In: http://www.nwhm.org/Education/biography_cebeecher.html 31.10.07

N.N. (o.J.): Only A Teacher – Schoolhouse Pioneers. Catharine Beecher. O.O. In: http://www.pbs.org/onlyateacher/beecher.html 27.10.07

Riedy, M. (1997): Uncle Tom's Houses – the American domestic ideal 1840 to 1870. Domestic Manuals. O.O. In: http://xroads.virginia.edu/~cap/UTC/manuals.html 27.10.2007

Roff, S. (o.J.): An American family: The Beecher Tradition. Catherine Beecher. New York. In: http://newman.baruch.cuny.edu/digital/2001/beecher/catherine.htm 27.10.2007

Schmitter, R. (1981): Die Frauenbewegung im 19. Jahrhundert in den USA und in Europa. Stuttgart

BEI GRIN MACHT SICH IHR WISSEN BEZAHLT

- Wir veröffentlichen Ihre Hausarbeit,
  Bachelor- und Masterarbeit

- Ihr eigenes eBook und Buch -
  weltweit in allen wichtigen Shops

- Verdienen Sie an jedem Verkauf

Jetzt bei www.GRIN.com hochladen
und kostenlos publizieren